ISBN 978-3-642-98593-5   ISBN 978-3-642-99408-1 (eBook)
DOI 10.1007/978-3-642-99408-1

DIE VOLKSERNÄHRUNG

VERÖFFENTLICHUNGEN AUS DEM TÄTIGKEITSBEREICHE DES
REICHSMINISTERIUMS
FÜR ERNÄHRUNG UND LANDWIRTSCHAFT

HERAUSGEGEBEN UNTER MITWIRKUNG DES
REICHSAUSSCHUSSES FÜR ERNÄHRUNGSFORSCHUNG

3. HEFT

ÖLE UND FETTE
IN DER ERNÄHRUNG

VON

PROF. DR.-ING. DR. PHIL. A. HEIDUSCHKA

DIREKTOR DES LABORATORIUMS FÜR LEBENSMITTEL- UND GÄRUNGS-
CHEMIE DER TECHN. HOCHSCHULE DRESDEN

BERLIN
VERLAG VON JULIUS SPRINGER
1923

Vorwort.

Öle und Fette treten uns im täglichen Leben überall entgegen, sie machen einen wesentlichen Teil unserer Nahrung aus, und gerade die Beschaffung dieser Lebensmittel ist nicht so einfach, wie uns allen der Krieg so deutlich gezeigt hat. Obwohl also die Öle und Fette sehr wichtige Dinge sind, ist trotzdem die allgemeine Kenntnis darüber nicht allzu groß und besonders vor dem Kriege zeigte man weit mehr Interesse für alle möglichen anderen Probleme als für die Fragen der Ernährung.

Die jetzige Not hat für alle Deutschen die Ernährungsaufgaben wiederum in den Vordergrund gerückt und es ist daher an der Zeit, daß sich möglichst viele über diese Fragen unterrichten, um sich selbst ein Bild von der Lage der Dinge machen zu können. Für einen Nichtfachmann ist aber ein solches Beginnen nicht leicht und das nachstehende Schriftchen will ihm dabei behilflich sein. Es soll dem Leser das Wesentlichste über das Vorkommen, über die Entstehung und Gewinnung der Fette, über ihre Stellung in der Ernährung und ihre Beschaffung bringen. Auch werden darin die Hauptergebnisse der wissenschaftlichen Bemühungen, neue Fettquellen zu schaffen, kurz zusammengestellt und die hauptsächlichsten Probleme, die sich ergeben, angeführt.

Die Darstellung verfolgt nicht die Absicht, ein lückenloses Referat dieses außerordentlich großen Gebietes zu geben. Sie will nur anregen, über die Grundlagen unterrichten und Interesse für die Ernährungsfragen auf dem Gebiete der Fette erwecken.

Wer sich für Einzelheiten interessiert, der sei auf folgende Werke hingewiesen: Hefter, Technologie der Fette und Öle, Berlin; Benedikt-Ulzer, Analyse der Fette und Wachsarten, Berlin; Holde, Untersuchung der Kohlenwasserstofföle und Fette, Berlin.

Dresden.

Alfred Heiduschka.

Inhaltsverzeichnis.

Zusammensetzung und Eigenschaften
der Öle und Fette.

Als Öle bezeichnet man im gewöhnlichen Leben eine große Anzahl bei Zimmertemperatur flüssiger und schlüpfriger Produkte der verschiedensten Art und Herkunft des Pflanzen-, Tier- und Mineralreiches, auch die Bezeichnung Fett ist im alltäglichen Verkehr ein Sammelbegriff. Fette werden alle salbenartigen oder auch festen, in Wasser unlöslichen Substanzen von schmieriger Beschaffenheit genannt, so daß die verschiedenartigsten Stoffe als Öle und Fette benannt werden, wie z. B. auch die rauchende Schwefelsäure als Vitriolöl, die ätherischen Öle, die Produkte der trockenen Destillation des Harzes, der Stein- und Braunkohle, die Paraffine und die verschiedenartigsten technischen Schmiermittel.

Die Öle und Fette in der Ernährung entstammen bis jetzt dem Pflanzen- und Tierreich und unterscheiden sich wesentlich in ihrer chemischen Zusammensetzung und in ihren physikalischen Eigenschaften von allen anderen mit diesem Namen bezeichneten Substanzen, insbesondere von den Mineralölen, und in folgendem soll nur von den eigentlichen Ölen und Fetten berichtet werden.

Diese teils flüssigen, teils salbenartigen oder festen Produkte sind in Wasser praktisch unlöslich, sie lösen sich aber leicht in Äther, Chloroform, Schwefelkohlenstoff, Tetrachlorkohlenstoff und anderen sogenannten organischen Lösungsmitteln. Diese Leichtlöslichkeit der Fette in den genannten Stoffen benutzen wir, um den Fettgehalt vieler Lebensmittel zu bestimmen, indem wir sie getrocknet und zerkleinert so lange mit Äther oder einem anderen der Lösungsmittel ausziehen, bis es nichts mehr aufnimmt. Nach dem Verdunsten der Lösungsmittel verbleibt dann das Fett und kann gewogen werden. Alle Öle und Fette sind spezifisch leichter als Wasser (die Dichte beträgt im Mittel 0,92—0,95) und schwimmen infolgedessen darauf. Schüttelt man die flüssigen Fette mit einer wässerigen Lösung von Gummi, Eiweiß oder anderen Stoffen, die ihr eine schleimige Beschaffenheit geben, so findet eine so feine Verteilung der Fetttröpfchen statt, daß die Flüssigkeit dadurch das Ansehen einer Milch bekommt, man bezeichnet derartige

Mischungen als Emulsion. Die tierische Milch selbst ist eine solche Emulsion. Die Öle und Fette sind nicht flüchtig. Werden sie erhitzt, so gelangen sie gegen 300° unter Zersetzung und Entwicklung der stechenden Acroleindämpfe zum Sieden. An und für sich brennen Öle und Fette nur schwierig, steckt man aber einen Docht (Baumwollfäden) hinein und entzündet ihn, so brennen sie mit helleuchtender Flamme. Im flüssigen Zustande durchdringen die Öle und Fette leicht Papier und Zeuge und machen sie durchscheinend, sie verursachen, wie man zu sagen pflegt, die charakteristischen Fettflecke, die sich weder beim Erwärmen noch beim Waschen mit Wasser verlieren.

Die Öle und Fette bestehen im wesentlichen aus Glycerinestern der höheren Glieder der verschiedenen Fettsäurereihen, das sind Verbindungen des Glycerins, eines dreiwertigen Alkohols, mit Fettsäuren, und zwar sind es hauptsächlich die Palmitinsäure $C_{16}H_{32}O_2$, die Stearinsäure $C_{18}H_{36}O_2$ und die Ölsäure $C_{18}H_{34}O_2$, die in Betracht kommen. Und es sind also von den Glycerinestern oder, wie sie auch benannt werden, von den Fettsäuregliceriden besonders die 3 Triglyceride Tripalmitin, Tristearin und Triolein, welche gemengt miteinander die Hauptmasse der Öle und Fette ausmachen. Die ersten beiden sind bei gewöhnlicher Temperatur fest, das Olein dagegen flüssig. Je nach den Mengenverhältnissen, in denen die 3 Hauptbestandteile der Fette miteinander gemischt sind, ist die Konsistenz derselben eine verschiedene. Es werden somit die Fette eine um so festere Konsistenz besitzen und ihr Schmelzpunkt wird um so höher liegen, je mehr sie an Tristearin und Tripalmitin enthalten und je weniger in ihnen Triolein vorhanden ist, umgekehrt dagegen bestehen die flüssigen Fette, die Öle, vorzugsweise aus Triolein.

Die Unterscheidung in flüssige Fette oder „Öle" und in feste Fette oder kurzweg „Fette" ist am gebräuchlichsten. Die Einteilung in diese beiden Gruppen erfolgt von dem Gesichtspunkt aus, ob ein Fett bei gewöhnlicher Temperatur flüssig ist oder nicht, im ersten Falle rechnet man es zur ersten Gruppe, alle übrigen Fette zur zweiten Gruppe. Da der Begriff „gewöhnliche Temperatur" ein sehr unbestimmter ist und auch an den verschiedenen Orten der Erde verschieden aufgefaßt wird, da ferner die salbenartige Beschaffenheit mancher Fette eine scharfe Unterscheidung von flüssig und fest nicht zuläßt, so ist es klar, daß ein scharfes Auseinanderhalten beider Gruppen nur schwer durchführbar ist und es empfiehlt sich, diese Einteilung bei wissenschaftlichen Erörterungen nicht anzuwenden und im nachstehenden soll daher immer im allgemeinen nur von Fetten gesprochen werden.

Außer den 3 Bestandteilen Tristearin, Tripalmitin und Triolein finden sich in den Fetten noch in geringeren Mengen die Glyceride anderer Fettsäuren, wie z. B. der Buttersäure, der Baldriansäure, der Capronsäure, Caprylsäure, der Caprinsäure, der Laurinsäure, der Myristinsäure, der Arachinsäure u. a. Einige der Fette enthalten auch noch Glyceride wasserstoffärmerer Säuren, wie z. B. der Leinölsäure, der Linolensäure und der Erucasäure. Diese Verbindungen anderer Fettsäuren als Palmitinsäure, Stearinsäure und Ölsäure sind für die verschiedenen Fette charakteristisch. So kommt z. B. Buttersäure als Glycerinester in etwas größerer Menge in der Kuhbutter vor, Arachinsäure im Arachisöl (Erdnußöl), Leinölsäure im Leinöl, Erucasäure im Rüböl. Auch freie Fettsäuren finden sich in manchen Fetten, ferner enthalten sie in sehr geringer Menge aromatische Alkohole, Farbstoffe und andere unverseifbare Anteile, wahrscheinlich Kohlenwasserstoffe. Diese in geringeren Mengen vorhandenen Stoffe sind für die Erkennung der Fette von großer Bedeutung. Gerade mit diesen Substanzen erhalten wir die für verschiedene Fette typischen Farbstoffreaktionen. Unter den aromatischen Alkoholen befinden sich das Cholesterin und die Phystostearine. Wir treffen das erstere nur in den tierischen Fetten an, während die Pflanzenfette die Phytostearine enthalten, und das verschiedene Vorkommen dieser Stoffe ermöglicht uns den Nachweis von Pflanzenfetten in Tierfetten.

Werden die Fette mit Alkalien (Natronlauge, Kalilauge) erhitzt, so zerfallen sie, und es bilden sich Glycerin und die Alkalisalze der Fettsäuren, die Seifen; mit Bleioxyd (Bleiglätte) erhitzt, entsteht Glycerin und das Bleisalz der Fettsäuren, Pflaster.

Bewahrt man Fette längere Zeit auf, namentlich bei Zutritt von Luft und Licht, so verändern sie sich allmählich. Die stärkste Wirkung übt der Sauerstoff der Luft auf die sogenannten trocknenden Öle (Leinöl, Nußöl, Hanföl, Mohnöl u. a.) aus. Sie werden unter Sauerstoffaufnahme dick und trocknen in dünnen Lagen zu einer durchscheinenden, geschmeidigen Schicht (Firnisbildung) ein, wobei sie an Gewicht zunehmen. In chemischer Beziehung sind die trocknenden Öle von den nichttrocknenden Ölen dadurch unterschieden, daß sie einen großen Gehalt von den Glyceriden der Leinölsäure, Linolensäure oder anderer diesen verwandten Säuren enthalten.

Die nichttrocknenden Öle insbesondere nehmen an der Luft einen unangenehmen Geruch und scharfen Geschmack an, sie werden ranzig. Damit geht die Bildung geringer Mengen flüchtiger Fettsäuren (Buttersäure, Capronsäure u. a.) meist nebenher. Gleichzeitig vermehrt sich der Gehalt an freien nichtflüchtigen Fettsäuren, manchmal findet geradezu Spaltung in Fettsäuren und Glycerin statt, z. B. beim Palmfett, doch beobachtet man auch bei Ölen, daß sie schon ranzig sind, bevor sich ihr Gehalt an freier Fettsäure vermehrt hat. Umgekehrt enthalten z. B. Olivenöle oft ziemlich beträchtliche Mengen freier Fettsäuren, ohne dabei ranzig zu schmecken und zu riechen. Die beim Ranzigwerden der Fette stattfindenden chemischen Vorgänge haben den Gegenstand weitgehender Studien vieler Forscher gebildet, ohne daß es bisher gelungen wäre, volle Klarheit über diese Frage zu erlangen. In dichtgeschlossenen Gefäßen und vor Licht geschützt, halten sich die meisten Fette längere Zeit unverändert, auch das Aufbewahren bei niederer Temperatur erhöht die Haltbarkeit der Fette.

Vorkommen und Entstehung der Fette.

Die Fette finden sich sowohl im Pflanzen- wie auch im Tierreich in großer Verbreitung vor und nach ihrer Herkunft teilen wir sie zweckmäßig in pflanzliche und tierische Fette ein.

Im Pflanzenreich gehören die Fette zu den verbreitetsten Stoffen, sie finden sich in Form kleinster Tröpfchen in Zellen eingeschlossen, sowohl im Protoplasma als auch im Zellsafte verteilt, und zwar treffen wir Fett im ganzen Pflanzenkörper zerstreut an oder aber es ist in bestimmten Organen, besonders in den Samen angehäuft. Es gibt wohl kaum eine Pflanze, welche nicht wenigstens Spuren von Fett enthielte. Der Samen birgt immer wenigstens einige Prozent Fett, und zwar ist der Fettgehalt der Samen um so größer, je wärmer das Klima war, unter welchem sie reiften, und daher kommt es auch, daß die warmen

Zonen reich an fettführenden Früchten und Samen sind, während die gemäßigten und kalten Gebiete der Erde arm an diesen pflanzlichen Fettquellen sind.

Für die Gewinnung pflanzlicher Fette kommen also hauptsächlich die Samen in Betracht, sehr fettreiche Keime besitzt der Mais, bei der Olive und der Ölpalme liefert uns sowohl das Fruchtfleisch als auch der Same das Fett. Auch in anderen Teilen der Pflanzen kommen wesentliche Mengen Fett vor, wie z. B. in gewissen Wurzeln (Rhabarber, Farnwurzeln, Erdmandeln), in manchen Stämmen (Mistel), Blättern (Klee), Rinden (Weide), Zwiebeln und Blüten (Kamille), ohne daß sie jedoch für die Fettgewinnung von Interesse wären.

Die Zahl der fettgebenden Pflanzen ist eine sehr große, und sie wird durch alljährlich neu auf den Markt gebrachte Produkte vermehrt. Zur Zeit führt das Schrifttum über 200 fettliefernde Pflanzen an. Der Fettgehalt einiger der hauptsächlichsten fettspendenden Pflanzenteile ist folgender: Das Fruchtfleisch der Ölpalme 65—72%, die Fruchtschale der Cocospalme 40—45%, die Erdnüsse 45—50%, das Fruchtfleisch der Olive 40—60%, Rapssamen 35—43%, Leinsamen 35—42%, Walnußsamen 63 bis 65%.

Nicht minder reichlich als in der Pflanzenwelt ist das Vorkommen der Fette in dem Organismus der Tiere, in dem in allen Geweben und allen Flüssigkeiten, mit Ausnahme des normalen Harnes, sich Fett in bald größerer, bald kleinerer Menge findet.

Die fettreichste Körpersubstanz ist das Knochenmark (90%), an zweiter Stelle kommt das besonders in der Nierengegend, in der Bauchhöhle, in der Herzgegend und unter der Haut befindliche Fettgewebe mit ungefähr 82% Fettgehalt, die fettärmsten Körpersubstanzen sind das Blut mit 0,4%, der Speichel mit 0,02% und der Schweiß mit 0,001% Fett.

Für die Fettgewinnung kommen im wesentlichen nur das Fettgewebe, die Knochen und die Milch in Betracht.

Das Fettgewebe besteht aus Fettzellen, wenig leimgebenden und elastischen Fasern nebst Intercellularsubstanz. Die Fettzellen sind rundliche, große Zellen mit derber Membrane.

Die Zusammensetzung des Fettgewebes zeigt folgende Zahlen (nach Schulze und Reinecke):

	Wasser	Gewebsteile	Fett
Bei Hammeln . . .	10,48%	1,64%	87,88%
„ Ochsen	9,96%	1,16%	88,88%
„ Schweinen . .	6,44%	1,35%	92,21%

Das Fettgewebe verschiedener Körperteile eines Ochsen enthielt:

	Wasser	Gewebsteile	Fett
Nierengegend . . .	5,00%	0,85%	94,15%
Netzgegend	4,89%	0,80%	94,31%
Brustgegend . . .	30,85%	4,88%	64,27%

Das Fettgewebe der fleischfressenden Tiere enthält hauptsächlich leichter schmelzendes Palmitin und gibt daher Fett von salbenartiger Konsistenz, die Wiederkäuer und Nagetiere haben mehr Stearin im Fettgewebe und liefern deshalb ein festeres Fett. Das Fett der Fische und Waltiere bleibt auch nach dem Abtöten der Tiere flüssig und liefert die Fischöle, Leberöle und Trane.

In den Kanälchen der Knochen befindet sich neben einer wässerigen Flüssigkeit auch flüssiges Fett, dessen Menge je nach Art der Knochen, der Tiergattung und dem Alter des Tieres sehr schwankt.

Nach König wurden in trockenen Rindsknochen nachstehende Werte gefunden:

	Leimgebende Substanz	Fett	Asche
Beckenknochen . .	29,58%	22,07%	48,08%
Rippe	35,94%	11,72%	52,34%
Schienbein	30,23%	0,50%	69,27%
Unterschenkel . .	37,08%	2,90%	61,32%
Rückenwirbel . . .	31,85%	22,65%	45,50%

Die Milch, das Absonderungsprodukt der Milchdrüsen weiblicher Säugetiere, die an sich schon ein wichtiges Nahrungsmittel für uns ist, enthält, wie schon oben erwähnt, Fett in feinster Verteilung. Für die Buttergewinnung in größerem Maßstabe kommt nur die Kuhmilch in Frage, sie enthält normalerweise 2,7—6% Butterfett.

Die Entstehung des Fettes in der Pflanze erfolgt nach unserer heutigen Kenntnis im Innern der Zellen, in denen es dann als Reservestoff verbleibt, und zwar erfolgt die Fettbildung

im wesentlichen durch Umwandlung der in den Pflanzen befindlichen Kohlenhydrate, wie Stärke und Zuckerarten. Für die
Fettbildung im Tierkörper sind ebenfalls die Kohlenhydrate das
Hauptmaterial, also alle stärke- und zuckerhaltigen Nahrungsmittel wie Brot, Mehlspeisen, Kuchen, alle süßen Speisen, soweit
sie nicht mit künstlichen Süßstoffen gesüßt sind. Auch die mit
der Nahrung aufgenommenen Fette, die im Verdauungstraktus
zerlegt werden, können direkt wieder zur Bildung von Fett
im Tierkörper Verwendung finden. Doch tritt diese Entstehung
des Fettes hinter der aus den Kohlenhydraten zurück. Eiweiß-
nahrung soll keine Fettbildung veranlassen.

Das Fett bildet sowohl im pflanzlichen wie im tierischen
Organismus einen Reservestoff. Im Pflanzensamen dient es während der Keimung und der ersten Entwicklung als Nährstoff des
jungen Pflänzchens, solange dieses nicht imstande ist, sich selbst
seine Nahrung aus der Außenwelt herbeizuschaffen. Ebenso
wird es im Tierkörper bei angestrengter Muskelarbeit oder beim
Hungern verbraucht und bis zu Kohlensäure und Wasser ab-
gebaut. Aber auch andere Funktionen hat es im Organismus
auszuüben, so wirkt es z. B. als Ausfüllmittel leerer Räume, als
Polster und als Wärmeisolator.

Die Fette als Nahrungsstoffe.

Das Fett ist einer jener Nahrungsstoffe, die wir unbedingt
für unsere Ernährung nötig haben. Es dient hauptsächlich zur
Wärmeerzeugung und auch als Energiequelle. Viele unserer
Lebensmittel enthalten an sich schon Fett in mehr oder weniger
großen Mengen, so z. B. das Fleisch, das Brot, Kakao usw.,
doch sind wir gezwungen, um den notwendigen Bedarf unseres
Körpers zu decken, noch direkt Fette unserer Nahrung zuzusetzen.

Als Nahrungsfette stehen uns eine große Zahl zur Verfügung,
sowohl Pflanzenöle wie tierische Fette der verschiedensten Art.
Vom Standpunkt der Verdaulichkeit lassen sich die Fette in
3 Gruppen einteilen: 1. In solche, die unterhalb der Körpertemperatur von 37° schmelzen, wie z. B. Butter, Schweinefett, Gänsefett
und die Öle; 2. in solche, welche oberhalb der Körpertemperatur
schmelzen, wie z. B. Hammeltalg und 3. in solche mit wesentlich
höherem Schmelzpunkt als die Körpertemperatur.

Die Fette der ersten Gruppe werden bis auf 2—3% im Verdauungstraktus aufgenommen, die der zweiten Gruppe bleiben bis 11% unresorbiert und die Fette der dritten Gruppe werden zum allergeringsten Teil ausgenutzt und verlassen den Darm zu 90% und mehr unverbraucht.

Das mit der täglichen Kost einverleibte Fett müssen wir hauptsächlich als Betriebsstoff betrachten, — welcher gleich den Kohlenhydraten — im Verlaufe der Lebensvorgänge zur Ausnutzung der in ihm angehäuften Energie der vollständigen Verbrennung anheimfällt. Dieser chemischen Verbrennung oder Oxydation muß aber erst eine Spaltung der Fette vorangehen, die infolge der Unlöslichkeit der Fette in wässerigen Flüssigkeiten, als welche wir die Verdauungsflüssigkeit zu betrachten haben, sehr schwer erfolgen würde, wenn diesem chemischen Angriffe nicht ein mechanischer, nämlich eine sehr feine Verteilung oder Emulgierung vorausginge, die von dem Schmelzpunkt des Fettes wesentlich abhängt. Je niedriger dieser liegt, desto besser gelingt die Verteilung, was ja auch deutlich aus den vorstehenden 3 Gruppen ersichtlich ist. In der Milch, der Nahrung des Säuglings, dessen Verdauungsmechanismus noch nicht die volle Funktion des erwachsenen Menschen hat, ist diese feine Verteilung des Fettes schon durchgeführt und so seine leichte Verdaulichkeit gewährleistet.

Die Hauptstätte der Fettverteilung und Fettspaltung im Organismus ist der Zwölffingerdarm, wo der Bauchspeichel mit seinen Enzymen und die Galle vereint auf die Fette einwirken, das Fett emulgieren und in seine Bausteine, in das Glycerin und in die Fettsäuren, zerlegen. Die nichtlöslichen Fettsäuren werden dann noch zum Teil in leichtlösliche Seifen übergeführt, und so können die Komponenten des Fettes leicht die Darmwand durchdringen, um nun wieder durch die Wirkung anderer Enzyme zu Fett aufgebaut zu werden und als kleinste Fetttröpfchen durch die Lymphbahn über den ganzen Körper sich zu verteilen.

Die Fette werden im Magendarmkanal langsamer verarbeitet als die anderen Nahrungsmittel, ihre Verdauung verzögert die Beförderung des Mageninhaltes in den Darm, auch vermag sie die Peristaltik (Bewegung des Magendarmkanals) zu verlangsamen, dadurch erklärt es sich, warum fette Speisen im allgemeinen schwer verdaut werden, und zwar um so schwerer, je mehr Fett sie enthalten und je schwerer das Fett angreifbar ist, z. B. wie beim Speck, wo es noch fest in den Gewebszellen eingeschlossen sich befindet, oder wie beim Hammelfett mit seinem hohen Schmelzpunkt.

In der Hauptsache dient das Fett zur Erzeugung von Wärme, aber auch als Kraftquelle für die Muskelarbeit ist es von Bedeutung. Es vermag außerdem die Zersetzung des wirtschaftlich wertvolleren Eiweißes einzuschränken und gehört also zu den Eiweißsparern. Das Fett, das nicht von den Zellen verbraucht wird, lagert sich als Reservestoff im Gewebe ab und es ist durchaus wünschenswert, daß der menschliche Körper eine gewisse Menge dieses Reservestoffes zur Verfügung hat.

Die für die Ernährung eines Menschen nötige Fettmenge hängt von der Zusammensetzung der Gesamtnahrung, von der Arbeitsleistung und dem Wärmeverbrauch ab. Je mehr Kohlenhydrate die Nahrung enthält, desto weniger Fett ist nötig. Größere Arbeitsleistung und größerer Wärmeverbrauch erfordern mehr Nahrung und entsprechend größere Mengen Fett. 1 g Fett liefert 9 große Wärmeeinheiten, d. h. mehr als doppelt soviel Energie als unter gleichen Bedingungen 1 g Kohlenhydrate ($= 4$ kcal).

Die Eskimo, denen nur wenig Kohlenhydrate zur Verfügung stehen und die einen sehr großen Wärmeverbrauch haben, essen sehr viel Fett, im Gegensatz zu den Japanern, deren Wärmeverbrauch wesentlich geringer ist, und die viel Kohlenhydrate zu sich nehmen, sie haben daher nur geringe Mengen Fett nötig.

Aus der Statistik des gesamten Lebensmittelverbrauchs in Deutschland haben N. Zuntz und Kuczynski den Anteil des Fettes für die Jahre 1912/1913 auf rund 100 g berechnet, im Jahre 1916 war die Menge auf 56,9 g täglich herabgesunken (berechnet auf eine Person von 70 kg). Rubner stellte den tatsächlichen Verbrauch bei Schwerarbeitern von 70 kg auf 56 g Fett fest bei gleichzeitigem Verbrauch von 118 g Eiweiß und 500 g Kohlenhydrate und bei Leichtarbeitern von gleichem Gewicht auf 46 g Fett bei gleichzeitigem Verbrauch von 107 g Eiweiß und 343 g Kohlenhydraten.

Diese Zahlen zeigen am besten, wie verschieden die Verbrauchsmenge des Fettes sein kann. Wir dürfen zur Zeit eine Menge von ungefähr 60 g für eine Person und Tag als zweckmäßig annehmen, wobei hervorgehoben werden soll, daß eine Erhöhung nicht schädlich sein dürfte, zumal ein gewisser Überschuß von Fett günstig auf den Stuhlgang wirkt.

Werden zu große Mengen Fett dem Körper zugeführt, so geht ein Teil unverändert mit den Faeces wieder fort, weshalb eine Gewinnung dieses Fäkalfettes aus den Abwässern für technische Zwecke zum Teil mit Erfolg versucht worden ist.

Von großer Bedeutung ist insbesondere für die Ernährung der Kinder die in neuester Zeit gemachte Feststellung, daß die Wachstumsstoffe oder wie sie die amerikanischen Forscher bezeichnen, das „fettlösliche Vitamin A" sich außer in der Milch und in den Gemüsen auch in den Fetten befinden, und zwar sind sie ganz besonders in der Butter, im Rinderfett und im Lebertran vorhanden.

Gewinnung der Fette.

Zu den ersten vegetabilischen Fetten, die der Mensch für seine Zwecke verwendete, gehört zweifellos das Olivenöl und das Palmfett. Ihre Gewinnung war ursprünglich sehr einfach; entweder ließ man die Früchte in einer Grube liegen, wobei eine Gärung im Fruchtfleisch eintrat und das pflanzliche Gewebe lockerte, so daß das Öl austreten konnte und an die Oberfläche stieg, oder man kochte die Früchte mit Wasser, um das Gewebe zu lockern und schöpfte dann das obenauf schwimmende Öl ab. Die erste Herstellung von Ölen aus Samen hat der Mensch erst später gelernt, weil deren Verarbeitung größere technische Schwierigkeiten bietet. Sie müssen zerkleinert und unter mehr oder minder starkem Druck ausgepreßt werden, Arbeiten, zu denen mechanische Vorrichtungen gehören, die der Mensch sich erst konstruieren mußte. Im Laufe der Zeiten hat aber die Ölgewinnung aus Pflanzensamen einen immer größeren Umfang und eine wirtschaftliche Bedeutung angenommen, die bei weitem die der Gewinnung aus Oliven, überhaupt aus Früchten, überragt, auch werden die Methoden des Pressens heute ganz allgemein für alle Pflanzenteile angewandt. Bei Ölfrüchten und sehr ölreichen Samen fließt schon während der Zerkleinerung das Öl aus den Zellen aus. Ölärmere Samen geben dagegen ihr Fett erst beim Auspressen mittels beträchtlichen Druckes ab. Je nach dem Pflanzenmaterial und seinem Fettgehalt beträgt der angewandte

Druck 1—500 Atmosphären und erst nach der Erfindung der hydraulischen Presse war daher die Verarbeitung vieler Sämereien möglich. Um die Ausbeuten zu erhöhen und bei sehr ölarmen Samen sowie bei solchem Material, das bei gewöhnlicher Temperatur feste Fette enthält, wird das Preßgut von vornherein erwärmt. Je weniger weitgehend die Zerkleinerung des zu verarbeitenden Materials, je geringer der Druck und je niedriger die Temperatur bei der Pressung ist, desto weniger nimmt das ausfließende Öl Fremdstoffe aus dem Samen auf, aber um so geringer ist auch die Ausbeute. Es wird daher in der Ölindustrie das meiste ölhaltige Pflanzenmaterial in mehreren Abschnitten verarbeitet. Zuerst preßt man mit größter Vorsicht die grob zerkleinerten und nicht gewärmten Früchte oder Samen und erhält so ein sehr reines Speiseöl. Dieser ersten Pressung folgt dann eine zweite und wohl auch eine dritte, nach feinster Zerkleinerung und nach Anwendung von möglichst hohem Druck und starker Erwärmung; diese Öle der zweiten und dritten Pressung, oder wie man sie zu bezeichnen pflegt, die warm gepreßten Öle, finden dann meistens nur technische Verwendung.

Eine andere Gewinnungsart ist die Extraktion der Fette aus den zerkleinerten Früchten oder Samen mittels flüchtiger Lösungsmittel, wie Benzin, Benzol, Schwefelkohlenstoff, Tetrachlorkohlenstoff und Trichloräthylen, welche die Fette lösen und beim Abdestillieren unverändert hinterlassen. Zwar gestattet diese Arbeitsweise den gesamten Fettgehalt des Ausgangsmaterials zu gewinnen, doch sind die erhaltenen Fette derartig unrein, daß sie für Speisezwecke nur in sehr wenigen Fällen geeignet sind.

Die tierischen Fette werden zum allergrößten Teile durch Ausschmelzen der fetthaltigen Körperteile gewonnen. Früher geschah diese Operation ausschließlich über freiem Feuer, während man sie heute meistens mittels Dampf vornimmt. In der Wärme zersprengt das sich ausdehnende Fett die Zelle und fließt aus. Entweder geschieht die Gewinnung durch trockenes Schmelzen nach voraufgegangenem Zerkleinern oder durch Ausschmelzen mit gespanntem Wasserdampf. Die leichten geschmolzenen Fette werden dann von den „Grieben" oder von der wässerigen Flüssigkeit abgehoben. Je niedriger die Temperatur des Ausschmelzens, desto weniger werden die Fette durch mitgelöste Zersetzungsprodukte der Bindegewebe verunreinigt.

Die Extraktion mit Lösungsmitteln kommt bei der Verarbeitung von Knochen in Betracht, aus denen man auf diese Weise im zerkleinerten Zustande vielfach das Fett gewinnt. Doch ist dieses so gewonnene Knochenfett für die Ernährung unbrauchbar.

Auf besondere Art wird das Milchfett, die Butter, gewonnen, sie wird durch schlagende, stoßende oder schüttelnde Bewegungen (Buttern) aus dem Rahm der Kuhmilch oder auch unmittelbar aus der Milch abgeschieden.

Da die Fette so wichtige Nahrungsstoffe sind und außerdem noch jene wertvollen Wachstumsstoffe enthalten, so müssen wir auch ihrer Gewinnung die allergrößte Aufmerksamkeit schenken und nur ganz einwandfreie Öle und Fette sollten der Ernährung zugeführt werden.

Die wichtigsten pflanzlichen Fette.

Deutschland besitzt leider nicht eine solche Fülle hochwertiger fettspendender Pflanzen wie die südlichen Länder, und daher muß der größte Teil der Pflanzenöle und -fette aus dem Ausland eingeführt werden, eine Tatsache, die uns besonders während des Krieges den großen Fettmangel verursachte und jetzt die Verteuerung der pflanzlichen Fette bedingt. Olivenöl (Baumöl) wird seit den ältesten Zeiten in Südeuropa (Italien, Provence, Spanien) und im Orient aus den Früchten des Ölbaumes (Olea europea) durch Pressung gewonnen.

Je nach der Olivenart, dem Reifezustand der Früchte, der Art der Ernte (ob die Früchte gepflückt, geschlagen oder geschüttelt wurden) und ihrer Verarbeitung unterscheidet man verschiedene Sorten von Olivenöl. Das mit besonderer Sorgfalt durch gelinde kalte Pressung erhaltene Öl wird als Jungfernöl, Provenceröl, Nizzaöl bezeichnet und ist die beste Sorte. Der Geschmack des reinen Olivenöls ist angenehm und mild. Bei 10° wird es trübe, bis 6° abgekühlt, setzt es feste Teilchen ab, und bei 2° wird es weißlich und salbenartig.

Erdnußöl (Arachisöl) ist das aus den Früchten der Erdnußpflanze (Arachis hypogaea), einer Leguminose, nach Beseitigung der Hülsen, der Samenhäutchen und der Keime durch kalte Pressung gewonnene Öl. Die Hauptproduktionsländer sind Afrika,

Indien, Nord- und Südamerika. Das beste Öl geben die afrikanischen, das schlechteste die ostindischen Früchte.

Auch als Buttersurrogat werden feingemahlene Erdnüsse verwendet. Diese in Amerika zuerst aufgetauchte Butter (Peanutbutter) wird durch Rösten und Mahlen der Erdnüsse unter Salzzusatz hergestellt.

Sesamöl liefern uns die Samen der zu der Familie Pedaliaceen gehörenden Sesampflanze (Sesamum indicum und orientale). Die Sesamsamen bildeten, genau wie heute, auch schon im Altertum die Hauptnahrung vieler Millionen Menschen. Die Sesampflanze spielt schon in den alten orientalischen Märchen und Volksgebräuchen eine große Rolle; das Zauberwort „Sesam", welches versperrte Türen zu öffnen vermag (ist jedenfalls von dem zur Reifezeit aufspringenden Kapselfrüchten hergeleitet) ist uns aus „Tausend und eine Nacht" zur Genüge bekannt. Das zu uns kommende Öl wird hauptsächlich aus indischen und Levantiner-Samen durch kalte Pressung hergestellt.

Das Sesamöl gibt mit alkoholischer Furfurollösung und konzentrierter Salzsäure eine Rotfärbung. Diese sogenannte Baudouinsche Reaktion[1]) ist leicht auszuführen und so charakteristisch, daß man der Margarine Sesamöl zusetzt, um sie leicht erkennen zu können.

Baumwollsamenöl (Cottonöl) ist das aus den Samen der verschiedenen Arten der Baumwollstaude (Gossypium) durch Pressung in der Wärme gewonnene Öl. Das ausgepreßte Rohöl ist rötlich von eigenartigem Geruch und bitterem kratzenden Geschmack. Es wird mittels starker Natronlauge und Filtration durch Floridaerde gereinigt. Bei $10°$ wird es fest. Häufig (regelmäßig bei dem sogenannten Winteröl) wird es in festes Baumwollstearin (25%) und in flüssige Anteile zerlegt. Ersteres wird in Amerika zur Herstellung von Margarine und Kunstspeisefetten, letzteres zum Verschneiden anderer Pflanzenöle verwendet. Das Baumwollsamenöl wird nur selten im Kleinverkauf unter seinem wahren Namen verkauft. Es wird teils mit anderen Ölen verschnitten, teils rein als Tafelöl, Salatöl usw. verkauft. Die großen Mengen von Cottonöl, welche alljährlich nach Frankreich, Italien und Spanien importiert werden, dienen fast in ihrer Gesamtheit

---

[1]) Vgl. S. 25.

zu Mischzwecken und gelangen dann zu einem großen Teil als Oliven-, Erdnuß- oder Sesamöl zur Ausfuhr. Das Baumwollsamenöl kann nicht als ein besonders gutes Speiseöl bezeichnet werden.

Mohnöl ist das aus dem Samen der Mohnpflanze (Papaver somniferum) durch kalte Pressung gewonnene Öl. Es ist wegen seines milden angenehmen Geschmackes ganz besonders beliebt und wird in manchen Gegenden allen anderen Speiseölen vorgezogen. Die Mohnpflanze wird in Deutschland angepflanzt, ein großer Teil der geernteten Mohnmenge wird zu Genußzwecken verwendet, nur ein kleiner Bruchteil wird bei uns auf Öl verarbeitet.

Rüböl (Rapsöl, Repsöl, Rübsenöl, Kohlsaatöl, Kolzaöl) ist das aus den Samen verschiedener Brassicaarten durch Pressung gewonnene. Öl. Um das Rüböl von dem anhängenden Schleime zu befreien, wird es mit Schwefelsäure raffiniert, welche den Schleim verkohlt und absondert, und dann mit Wasser oder durch Einleiten von heißen Wasserdämpfen gewaschen, oder durch Kochen mit Stärke, mit Milch oder Zwiebeln und folgendem Filtrieren als Schmalzöl zu Speiseöl verarbeitet oder zur Herstellung von Kunstspeisefett benutzt. Das Rüböl ist das billigste inländische Pflanzenöl und wird nur in manchen Gegenden als Speisefett verwendet.

Leinöl ist das aus dem Samen der Flachspflanze (Linum usitatissimum) durch Pressung gewonnene Öl, das sich besonders im frischen Zustande sehr gut für Speisezwecke eignet. Die Flachspflanze wird auch in Deutschland angebaut und liefert uns gleichzeitig die gerade jetzt für uns so wichtige Leinfaser.

Cocosfett (Cocosöl, Cocosnußöl, Cocosbutter). Die Cocosnuß, die Frucht der tropischen Cocospalme (Cocos nucifera und Cocos butyracea) enthält in einem faserigen Gewebe, woraus Matten gefertigt werden, eine Steinfrucht mit Cocosmilch und fleischigem Inhalt. Aus diesem getrockneten Kernfleisch, Kopra genannt, wird durch Pressung das Cocosfett gewonnen. Das so erhaltene Produkt eignet sich nicht für Speisezwecke, es wird gereinigt durch Neutralisation der freien Fettsäuren mit Natronlauge, Abtrennung der gebildeten Seifen und Behandlung mit überhitztem Wasserdampf. Das gereinigte Cocosfett kommt dann unter verschiedenen Namen (Palmin, Kunerol, Laureol, Gloriol, Molleol, Ceres usw.) in den Handel.

Palmkernfett (Palmkernöl) ist das aus den Fruchtkernen der Ölpalme (Elaeis guinensis und Elaeis melanococca) durch Pressung oder durch Extraktion mit Lösungsmitteln gewonnene und gereinigte Fett. Das Geschmack- und Geruchlosmachen des Palmkernfettes wird in derselben Weise wie beim Cocosfett ausgeführt, es ist aber ungleich schwieriger wie dort und aus diesem Grunde dürfte seine Verwendung zu Speisezwecken nicht sehr groß sein.

Maisöl wird aus den Keimen der Samen der Maispflanze (Zea Mais) gewonnen. Das mit Natronlauge raffinierte Rohöl ergibt ein Speiseöl, das wegen seines eigenartigen getreideähnlichen Geschmackes und Geruches nicht als beste Ware bezeichnet werden kann, auch bewegt sich die jetzige Produktion in bescheidenen Höhen. Aber wenn man bedenkt, welche ungeheure Mengen Mais jährlich in Amerika, Ungarn und Italien geerntet werden, und daß das Verfahren der Ölgewinnung aus den Keimen noch nicht allzu lange geübt wird und sich noch nicht weit ausgedehnt hat, so kann man mit Sicherheit annehmen, daß im Laufe der Zeit das Maisöl in namhaften Mengen auf den Weltmarkt kommen wird.

Neben diesen im vorstehenden genannten pflanzlichen Fetten werden aber noch andere Pflanzenöle und Fette in den verschiedensten Gegenden für Speisezwecke in kleinen und kleinsten Mengen verwendet. Für Deutschland sind z. B. noch zu nennen: das Sonnenblumenöl, durch Pressung der Samenkerne von Helianthus annuus hergestellt, das Buchenkernöl aus den Früchten unserer Rotbuche (Fagua silvatica), das Traubenkernöl, das kalt gepreßte Öl der Weintraubenkerne, der Samen der Weinrebe (Vitis vinifera).

Die wichtigsten tierischen Fette.

Butter ist (nach den Entwürfen zu Festsetzungen über Lebensmittel, herausgegeben vom Reichsgesundheitsamt) das durch schlagende, stoßende oder schüttelnde Bewegung aus dem Rahm der Kuhmilch oder auch unmittelbar aus Kuhmilch abgeschiedene innige Gemisch von Milchfett und wässeriger Milchflüssigkeit, das durch Kneten zu einer gleichmäßigen zusammenhängenden Masse verarbeitet und von der anhaftenden Buttermilch sowie dem etwa zum Kühlen und Waschen verwendeten Wasser möglichst befreit, vielfach auch mit Kochsalz versetzt ist. Sie muß mindestens 80 Gewichtsteile Fett und höchstens 18 Gewichtsteile Wasser in gesalzenem und 16 Gewichtsteile in ungesalzenem Zustande in 100 Gewichtsteilen Butter enthalten.

Außerdem enthält sie auch noch geringe Mengen der übrigen Milchbestandteile, Casein, Milchzucker, Milchsäure und die Mineralstoffe der Milch, und zwar ist die Zusammensetzung einer guten ungesalzenen Butter folgende: 82—85% Butterfett, 0,5—1% Milchzucker, 0,6% Eiweißstoffe, 0,2% Mineralstoffe und 12—15% Wasser; gesalzen noch 2—3% Kochsalz.

Butter stellt eine bei gewöhnlicher Temperatur (18°) gleichmäßig feste, weder schmierige noch krümlige Beschaffenheit zeigende Masse dar, deren Farbe je nach Jahreszeit und Qualität der Milch zwischen Weißlich (Winterbutter) und Orangegelb (Sommerbutter) liegt und einen angenehmen milden bis aromatischen Geschmack besitzt.

Je nachdem man nun sauren oder einen frischen süßen Rahm zur Herstellung verwendet, spricht man von Sauerrahm- und Süßrahmbutter.

Die Butter gilt als das feinste unserer Speisefette und zierte in früheren Zeiten nur den Tisch der Reichen, heute ist es eines der wichtigsten Nahrungsmittel des Menschen.

Von den Verfälschungen der Butter ist als die bedenklichste die Vermischung derselben mit zu großen Wassermengen zu bezeichnen, weil auf diese Weise ihr Nährwert verringert wird. Einen ungefähren Einblick in die Mengenverhältnisse zwischen Butterfett und Wasser kann sich auch der Nichtchemiker in einfacher Weise verschaffen, wenn er Butter in einem kleinen graduierten Gläschen in warmem Wasser zum Schmelzen bringt und das Gläschen darin so lange stehen läßt, bis sich zwei Schichten gebildet haben.

Unter Butter schlechthin ist nur Kuhbutter zu verstehen; die aus der Milch von anderen Säugetieren, wie z. B. von Ziegen und Schafen, auf gleiche Weise gewonnenen Produkte werden als Ziegenbutter, Schafbutter usw. bezeichnet.

Nahezu reines Butterfett ist der Butterschmalz oder Schmelzbutter (Schmalzbutter, Schmalz), der durch Schmelzen von Butter und bestmögliche Trennung des Fettes von den anderen Bestandteilen hergestellt wird.

Schweinefett (Schweineschmalz) wird in Deutschland hauptsächlich aus den inneren Teilen der geschlachteten Schweine, dem Bauchwandfett (Liesen, Flomen, Lunte, Schmer, Wammenfett) und dem Gekröse- und Netzfett, das amerikanische Schweinefett aus allen fettführenden Organen des Schweines durch Ausschmelzen gewonnen. Das Schweinefett ist reinweiß, von salbenartiger Beschaffenheit und angenehmem Geschmack. Es ist neben der Butter das wichtigste natürliche Speisefett, das aber haltbarer ist als diese, es wird in sehr großen Mengen verbraucht.

Wird geschmolzenes Schweinefett langsam abgekühlt, so scheiden sich wenige Grade unter seinem Schmelzpunkt die festen Glyceride des Fettes ab und durch Auspressen der so entstandenen breiigen Masse mittels hydraulischer Pressen wird das Schweinefett in das Schmalzöl (Specköl) und in das Schmalzstearin (Solarstearin) zerlegt. Das Schmalzöl wird als Speiseöl verwendet, das Schmalzstearin wird größtenteils mit Schweinefett vermischt, um dessen Schmelzpunkt zu erhöhen.

Rinderfett (Rindertalg) wird aus dem Fettgewebe geschlachteter Rinder durch Ausschmelzen gewonnen. Hauptsächlich kommt hierfür in Betracht das Gekrösefett, Netzfett, Nierenfett, Herzfett, Mittelfellfett und Eingeweidefett.

Rindstalg ist ein festes Fett von schwach gelblicher bis gelbbrauner Farbe, das nicht unangenehm riecht, die besseren Sorten Talg werden direkt als Back- oder Bratenfett oder zur Herstellung der Margarine und Kunstspeisefette verwendet.

Hammelfett (Hammeltalg, Schaffett) wird aus denselben fettreichen Körperteilen wie das Rinderfett geschlachteter Schafe durch Ausschmelzen gewonnen.

Es ist härter als Rinderfett, brüchig, fast weiß und in frischem Zustand geruchlos und nimmt erst nach einiger Zeit den eigenartigen Geruch und Geschmack an, der bei den Völkern des Orients so beliebt ist.

Pferdefett wird aus dem Fettgewebe der geschlachteten Pferde durch Ausschmelzen gewonnen. Durch die Zunahme des Verbrauchs von Pferdefleisch nimmt dieses Fett von Jahr zu Jahr an Bedeutung zu. Der Kamm des Pferdes ist besonders reich an Fett und man bezeichnet es deshalb auch häufig als Kammfett.

Das Pferdefett ist meist von gelblicher Farbe und hat salbenartige Konsistenz. Es wird an Stelle von Schweinefett verwendet.

Das Pferdefett läßt sich in gleicher Weise wie dieses in einen flüssigen Anteil, der ein gutes Speiseöl ist, und in einen festeren Anteil zerlegen.

Gänsefett fällt in großen Küchenbetrieben, besonders Gasthausküchen, wo viel Gänse geschlachtet werden, oft in größeren Mengen an und gelangt von da aus in den Kleinhandel. Das Fett hat eine bei gewöhnlicher Temperatur (18°) grießliche, dickflüssige Beschaffenheit, grauweiße Farbe und einen sehr angenehmen Geschmack.

Außer diesen besonders aufgeführten tierischen Fetten, die in einem mehr oder minder großen Maßstabe fabrikatorisch hergestellt werden und als Speisefette auf den Markt kommen, finden in der Küche noch die Fettarten aller anderen Schlachttiere, also auch z. B. das Ziegenfett, die Fette der Wildpret- und Geflügelarten Verwendung und kommen also auch für unsere Ernährung mit in Betracht. Ferner werden auch die fettreichen Körperteile, Speck und Flomen, besonders vom Schwein, direkt dem Handel zugeführt, ohne daß ein Ausschmelzen des Fettes vorgenommen wird. Der Verbrauch dieser fettreichen Körperteile, die dann auch direkt als Brotbelag oder zum Braten, Kochen und Backen verwendet werden, ist ein sehr großer und übertrifft den vieler Fettarten bei weitem.

Ein tierisches Fett, das erwähnt zu werden verdient, obwohl es kein Speisefett im gewöhnlichen Sinne des Wortes ist, ist der Lebertran, der schon seit mindestens einem Jahrhundert als vorzüglich wirkendes Nährmittel schlecht genährter und rachitischer, an englischer Krankheit leidender Kinder und auch im Ernährungszustand zurückgebliebener Erwachsener (z. B. bei Tuberkulose) gegeben wird. Er ist besonders wegen seines Gehaltes an den Wachstumsstoffen und wegen seiner guten Assimilierbarkeit ein ganz hervorragendes Nahrungsfett. Sein nicht allgemein beliebter Geschmak und Geruch und der hohe Preis hindert leider seine allgemeine Verwendung als Speisefett.

Guter Lebertran wird aus den frischen Lebern des Kabeljau (Gadus morrhua), des Schellfisches (Gadus aeglefinus) und des gewöhnlichen Dorsches (Gadus callarias) bei möglichst gelinder Wärme (60—70°) im Dampfbade gewonnen. Diese Gewinnung erfolgt jetzt direkt auf den für den Fang der Tiere bestimmten

Schiffen, die hierzu mit besonderen Einrichtungen versehen sind. Zur Klärung des Tranes wird derselbe stark abgekühlt und von den sich dabei abscheidenden Anteilen getrennt.

Margarine und Kunstspeisefett.

Der wachsende Bedarf an Butter und die damit in Verbindung stehende Preissteigerung veranlaßte in den siebziger Jahren des vorigen Jahrhunderts die französische Regierung dem Chemiker Mège Mouriés den Auftrag zu erteilen, einen künstlichen Butterersatz herzustellen. Mège Mouriés begann seine Versuche damit, einige Kühe mit den verschiedensten Futtersorten zu ernähren und dabei den Fettgehalt und die Menge der von den einzelnen Tieren gewonnenen Milch festzustellen. Sodann reduzierte er das Futter mehr und mehr und ließ schließlich einige Tiere bis zur völligen Abmagerung aushungern, wobei diese Kühe aber immer noch fetthaltige Milch lieferten. Aus diesen Versuchen ergab sich nun für Mège Mouriés, daß der Fettgehalt der Milch dem Körperfett der Tiere und nicht direkt dem Futter entstammte. Dem resorbierten und in den Kreislauf des Organismus gezogenen Körperfette wurde durch die Lebenstätigkeit das Stearin entzogen, während der übrige weichere Teil des Fettes, der als Oleomargarin bezeichnete Anteil im Euter zur Verarbeitung gelangte, wo er in das Milchfett, also in das Butterfett übergeführt wurde. Auf Grund dieser Beobachtungen ahmte nun Mège Mouriés diesen natürlichen Vorgang nach, indem er erst Kuh-, dann Ochsenfett verwendete, im frischen Zustande mittels Dampf bei gelinder Wärme schmolz, dann mit einer Salzlösung klärte und es hierauf nach 2 Stunden der Ruhe in besonderen Bottichen bei 20—25° erstarren ließ, um endlich durch Pressen das Oleomargarin abzuscheiden und dieses mit Milch zu verbuttern. Der in der Presse zurückgebliebene Teil bildet das Stearin, das auch noch heute zum Teil in der Kerzenfabrikation als Ausgangsmaterial verwendet wird. In ganz kurzer Zeit gelang es Mège Mouriés, ein butterähnliches Produkt zu gewinnen, das im Aussehen, Geschmack und Geruch von Naturbutter kaum zu unterscheiden war.

Dem Verfahren Mège Mouriés lagen also hauptsächlich die Gedanken zugrunde: Das Rindsfett in einen flüssigen und festen Anteil zu trennen oder das Verhältnis der in ihm enthaltenen festen und flüssigen Triglyceride durch Zugabe von Pflanzenölen zugunsten der flüssigen Triglyceride zu ändern, so daß ein Fett von der Konsistenz und möglichst auch von der Beschaffenheit des Butterfettes entsteht. Dieses Fett wurde nun mit Milch zunächst zu einem homogenen Rahm emulgiert und dann aus diesem Rahm die butterähnliche Margarine abgeschieden.

Diese beiden Gedanken (Herstellung des Margarinefettes und Überführung desselben in die Margarine) bilden trotz aller möglichen Betriebsänderungen auch heute noch die Grundlagen der Margarineindustrie und wir können bei dem Teil dieser Industrie, der Rindsfett als Ausgangsmaterial benutzt, unterscheiden: 1. Herstellung des Feintalgs (Premier jus); 2. die Herstellung des Oleomargarins und 3. die Erzeugung der eigentlichen Kunstbutter (Margarine).

Feintalg (Premier jus) ist das aus frischen guten Teilen bei niederer Temperatur ausgeschmolzene, gut geklärte Fett des Rindes. Oleomargarin ist, wie schon oben angeführt, der beim Auspressen des Premier jus bei mäßiger Temperatur gewonnene, niedrig schmelzende Anteil des Rinderfettes und Kunstbutter, Margarine, wird aus dem Oleomargarin oder einem ähnlichen Fettgemenge und Milch als streichfähiges, der Naturbutter ähnliches Produkt erhalten. Die gelbe Farbe dieser Kunstbutter wird durch Farbzusatz erreicht.

Im Laufe der Jahre ist nun das Oleomargarin, das heute noch hauptsächlich für die besten Margarinemarken verwendet wird, ganz oder teilweise durch andere tierische oder pflanzliche Fette ersetzt worden. So nimmt man direkt Premier jus, Speisetalg (eine geringere Marke Feintalg) oder Preßtalg (ist der bei der Gewinnung des Oleomargarins als Preßrückstand verbleibende höher schmelzende Anteil des Rinderfettes), vermischt sie mit Schweinefett, Baumwollsamenöl, Sesamöl, Erdnußöl, Maisöl oder anderen Pflanzenölen. Auch werden Margarinesorten nur aus Pflanzenfetten hergestellt, wofür besonders das Cocosfett gebraucht wird. Eine wichtige Rolle spielen in neuester Zeit für die Margarinefabrikation die gehärteten Fette, von denen später die Rede sein wird, und die sowohl im Kriege wie auch heute in beträchtlichen Mengen zur Herstellung von Kunstbutter verwendet worden sind und verwendet werden.

Um der Margarine das charakteristische Schäumen und Bräunen der Naturbutter beim Braten zu verleihen, werden verschiedene Zusätze gemacht, wie z. B. Eigelb, Caseine, Lecithin u. a. m.

Wir haben also in der Margarine kein Speisefett von bestimmter Zusammensetzung vor uns, sondern die verschiedensten Mischungen kommen als Margarine in den Handel, daher treffen wir auch eine große Anzahl von Marken von sehr verschiedener Güte an.

Margarine im Sinne des Gesetzes sind diejenigen der Milchbutter oder dem Butterschmalz ähnlichen Zubereitungen, deren Fett nicht ausschließlich der Milch entstammt. Nach der Bekanntmachung vom 10. März 1920 darf Margarine nicht weniger als 80 Gewichtsteile Fett und nicht mehr als 16 Gewichtsteile Wasser in 100 Gewichtsteilen enthalten.

Wir haben in der Margarine ein brauchbares, gutes, streichbares Fett vor uns, das geeignet ist, im allgemeinen die Butter zu ersetzen und dessen Existenzberechtigung heute wohl niemand mehr anzweifelt.

Der Verkehr mit Margarine ist durch ein besonderes Gesetz, das sogenannte Margarinegesetz vom 15. Juli 1897[1]) geregelt. § 1 dieses Gesetzes enthält Vorschriften über die Herstellungs-, Aufbewahrungs- und Verkaufsräume und die Kennzeichnung der Margarine, so daß es dem kaufenden Publikum möglich ist, an den Aufschriften, Umhüllungen usw. ohne weiteres die Margarine zu erkennen. Eine sehr wichtige Bestimmung enthält der § 3 des Gesetzes, nach welchem jedes Vermischen von Butter mit Margarine verboten ist, und der § 6, nach welchem die Margarine einen, die Erkennbarkeit der Ware mittels chemischer Untersuchung erleichternden Zusatz erhalten muß. Als derartige Zusätze sind zur Zeit vorgeschrieben Sesamöl oder Kartoffelstärke (0,2—0,3%). Der Nachweis des Sesamöles erfolgt mit Hilfe der schon unter Sesamöl beschriebenen Boudouinschen Reaktion, der Nachweis der Stärke mit Jodlösung, welche Stärke tiefblau färbt.

Als Ersatz für Butterschmalz wird in manchen Gegenden eine Schmelzmargarine oder ein Margarineschmalz bezeichnetes Produkt benutzt. Die Herstellung der Schmelzmargarine erfolgt

---

[1]) Gesetz betr. den Verkehr mit Butter, Käse, Schmalz und deren Ersatzmittel.

unter Verwendung von Milch oder ohne Milch, die sonstigen Rohmaterialien sind dieselben wie bei Margarine.

Neben der Kunstbutter, der Margarine, haben wir auch noch Kunstspeisefett, das nur äußerst geringe Mengen von Nichtfetten (Wasser, Salze) enthält und sich im Aussehen, Geruch und Geschmack nur wenig von Schweinefett unterscheidet, das aber ebenso wie die Margarine die verschiedensten Zusammensetzungen haben kann. Auch das Kunstspeisefett wird von dem vorher erwähnten Margarinegesetz erfaßt und demnach sind Kunstspeisefett dem Schweinefett ähnliche Zubereitungen, deren Fettgehalt nicht oder nicht ausschließlich aus Schweinefett besteht. Nicht unter den Begriff Kunstspeisefett fallen die Fette bestimmter Tier- oder Pflanzenarten, die unverfälscht und unvermischt und ihrem Ursprunge entsprechend bezeichnet sind.

Zur Herstellung von Kunstspeisefett werden vielfach Mischungen von Preßtalg, Baumwollsamenöl und Schweinefett verwendet, aber auch noch viele andere Mischungen kann man im Handel antreffen. Seine Güte hängt auch hier von der Zusammensetzung ab. Die Bedeutung des Kunstspeisefettes ist in Deutschland bei weitem keine so große wie die der Margarine.

Gehärtete Fette.

Wie schon im ersten Kapitel unserer Besprechung hervorgehoben wurde, ist ein Fett um so flüssiger, je mehr es Triolein oder die Glyceride der anderen sogenannten ungesättigten Fettsäuren wie Leinölsäure, Linolensäure usw. enthält. Nun sind aber die festen Fette technisch viel wertvoller als die flüssigen Öle, und die Chemie hat daher Mittel und Wege gesucht und auch gefunden, die flüssigen Fette in feste umzuwandeln, ein Prozeß, der als Fetthärtung bezeichnet wird. Er beruht auf folgendem. Ölsäure $C_{18}H_{34}O_2$, Leinölsäure $C_{18}H_{32}O_2$, Linolensäure $C_{18}H_{30}O_2$ unterscheiden sich in der Zusammensetzung von der Stearinsäure $C_{18}H_{36}O_2$ nur dadurch, daß sie weniger Wasserstoffatome H besitzen, andere ungesättigte Säuren unterscheiden sich in gleicher Weise von der Palmitinsäure. Der Fetthärtungsprozeß wird nun in der Weise geleitet, daß an die in den flüssigen Fetten befindlichen ungesättigten Säuren Wasserstoff angelagert wird, so daß sie sich in Stearinsäure und Palmitinsäure umwandeln, und je größer nun der Gehalt eines Fettes an diesen letzten beiden Säuren wird, desto fester wird seine Konsistenz. Die Anlagerung des Wasserstoffes läßt sich aber nur mit Hilfe eines sogenannten Katalysators, einer Kontaktsubstanz, durchführen und zwar werden möglichst fein verteiltes Nickel oder Nickelverbindungen als Katalysatoren verwendet.

Die Ausführung des Härtungsverfahrens besteht im allgemeinen im innigen Durchmischen von Öl und Katalysator mit Wasserstoff bei höheren Temperaturen (180°). Die Fetthärtung hat sich in dem verhältnismäßig kurzem Zeitraum von etwa 15 Jahren als eine eigene Industrie über die ganze Erde verbreitet und die Verwendung der gehärteten Fette für technische Zwecke, besonders zur Seifenfabrikation ist allgemein durchgeführt. Ihre Nutzbarmachung für die menschliche Ernährung begegnete anfänglich Bedenken, die aber durch eine Reihe von Untersuchungen zerstreut worden sind. Nicht nur die Verdaulichkeit und Bekömmlichkeit an sich, sondern auch die genügende Ausnutzung der Hartfette im menschlichen Organismus wurde festgestellt, so daß ihrer Verwendung als Speisefett nichts mehr im Wege stand.

Als Rohstoffe werden für die Härtung wohl sämtliche Öle herangezogen, die überhaupt in größerem Maßstabe gewonnen werden. Ein großer Vorteil hat sich bei diesem Verfahren herausgestellt, den man nicht voraussah, der aber jetzt von allergrößter Bedeutung geworden ist. Durch die Härtung wird der eigentümlich unangenehme Geruch und Geschmack vieler Öle so vollständig verändert, daß die erzeugten Fette nicht das geringste mehr von ihrem Ursprung verraten und infolgedessen lassen sich nach der Härtung Öle als Speisefette verwenden, die im ursprünglichen Zustand in keiner Weise dazu zu gebrauchen sind. In den letzten Jahren des Krieges standen den deutschen Fabriken nur solche Öle zur Verfügung, die an und für sich zur Ernährung wegen ihres Geruchs und Geschmacks nicht gebraucht werden konnten, wie z. B. Trane, schlechtes Leinöl, schlechtes Rüböl usw.

Gehärteter Tran ist aber imstande eine tadellose Margarine zu ergeben und daher ist seine Verwendung als Speisefett durchaus nicht nur als eine Kriegserscheinung anzusehen, wir haben es hier mit einem Material zu tun, das für die Fettversorgung des Lebensmittelmarktes in nächster Zeit ganz allgemein in Frage kommt. In Dänemark, einem Land mit sehr großer Buttererzeugung, die aber zum größten Teil exportiert wird, wurden schon vor dem Kriege 1914 3,4 Millionen Kilogramm gehärteter Waltran eingeführt und zu einer wohlschmeckenden und dauerhaften Margarine verarbeitet und konsumiert.

Nach diesen Erfolgen ist nur zu wünschen, daß sich die deutsche Fetthärtungsindustrie noch weiter gut entwickelt zum Wohle unseres Vaterlandes.

Haltbarkeit der Fette.

Die Veränderungen, welche Öle und Fette beim Lagern erleiden, wurden schon bei der Erwähnung ihrer Eigenschaften besprochen. Es ist hauptsächlich das Ranzigwerden und die dabei nebenhergehende Bildung der freien Fettsäuren, die man verhüten möchte, wenn man von einem Haltbarmachen von Fetten spricht.

Unser bestes Fett, die Butter, ist infolge ihres Gehaltes an Wasser, Milchzucker und Eiweißstoffen das am wenigsten haltbare Fett, und um Butterfett längere Zeit aufbewahren zu können, entwässert und reinigt man es nach Möglichkeit von den Beimengungen und führt es in das Schmalz über. Auch die Kunstbutter, die Margarine, besitzt keine große Haltbarkeit, wenn sie auch im allgemeinen besser ist als bei der Butter. Bei der Margarine hängt die Haltbarkeit sehr von ihrer Bereitung ab, so z. B. ist mit saurem Rahm oder Milch hergestellte Kunstbutter viel weniger haltbar als Süßrahmmargarine.

Auch kann man ganz allgemein für alle Fette das aussprechen, was überhaupt bei allen Lebensmitteln zu beachten ist, sie halten sich um so besser, je reinlicher bei ihrer Herstellung verfahren wird und das gilt in besonders hohem Maße bei der Butter und bei der Margarine.

Es sind viele Verfahren vorgeschlagen worden für die Haltbarmachung von Fetten, sie gehen meistens darauf hinaus, die Fette zu entwässern oder zu sterilisieren oder überhaupt von Verunreinigungen zu befreien oder aber mit konservierenden Zusätzen zu versehen. Der wichtigste konservierende Zusatz ist das Kochsalz, der auch bei Butter und Margarine (ca. 2%) sehr viel angewendet wird und auch erlaubt ist, hingegen sind alle anderen konservierenden Zusätze mit Ausnahme von Benzoesäure für

Margarine und Faßbutter und Borsäure mit gewissen Einschränkungen für Auslandsmargarine und Auslandsbutter verboten.

Schweineschmalz ist weit besser haltbar als Butter und Margarine, noch länger halten sich Rindsfett, Hammeltalg und die anderen festen Fette. Hammeltalg nimmt allerdings beim Liegen einen für viele unangenehmen und eigenartigen Geruch und Geschmack an. Die flüssigen Fette, insbesondere die Pflanzenöle, werden durch Luft und Licht beeinflußt, können sich aber bei richtiger Aufbewahrung monatelang halten.

Je reiner ein Öl oder Fett ist, je weniger Eiweiß- und Schleimstoffe es enthält, desto länger bleibt es genießbar.

Als Mittel, welche ein vorzeitiges Verderben der Öle und Fette verhüten und die sich auch im Kleinbetrieb, also im Haushalt, anwenden lassen, sind folgende zu nennen:

1. **Absolute Trockenheit**, d. h. es läßt sich nur ein Fett längere Zeit aufheben, das kein Wasser enthält. Also Butter, Margarine, trübe Öle oder sonstige Wasser enthaltende Fette lassen sich nicht konservieren. Auch müssen zur Haltbarmachung absolut trockene Gefäße dazu verwendet werden.

2. **Reinheit.** Nur die besten, also reinsten Fette lassen sich aufbewahren, und zwar nur in vollständig reinen Gefäßen.

3. **Ausschluß von Licht.** Zur Aufbewahrung müssen dunkle Orte gewählt werden.

4. **Luftabschluß.** Man wird das Öl oder Fett am besten in vollgefüllten Flaschen oder Einmachgläsern, die gut verschlossen sind, aufbewahren.

5. **Endlich** sind die Fette auch **kühl** zu lagern, wenn sie sich halten sollen.

Aufgaben in der Fettversorgung.

Auf keinem Gebiete unserer Lebensmittelversorgung, ja unseres Wirtschaftslebens überhaupt ist die Abhängigkeit Deutschlands vom Auslande größer als auf dem Gebiete der Fette. Diese Tatsache hat uns der Krieg und die Nachkriegszeit in erschreckender Weise vor Augen geführt und es ist daher erforderlich, daß Wissenschaft, Technik und Landwirtschaft ihr ganzes Können aufbieten, um Mittel und Wege zu finden, die Produktion der inländischen Speisefette zu fördern.

Nach den Feststellungen, die während des Krieges auf amtliche Veranlassung hin gemacht worden sind, war der gesamte Friedensverbrauch[1]) an tierischen und pflanzlichen Fetten in Deutschland rund 1 950 000 Tonnen, davon wurden rund 30 000 Tonnen pflanzliche Öle und Fette aus inländischen Saaten und rund 1 100 000 Tonnen inländische Butter und andere tierische Fette aus Schlachtungen im Inland erzeugt, so daß also für unseren Gesamtfettbedarf 820 000 Tonnen Fett eingeführt wurden, das ist fast die Hälfte der ganzen Verbrauchsmenge. Nun umfassen diese Zahlen allerdings auch den Bedarf von Fetten für technische Zwecke, aber bei Erörterungen der Versorgung mit Nahrungsfetten muß auch der Bedarf der Technik mit in Betracht gezogen werden, da diese zur Zeit auch noch solche Fette verbraucht, die direkt oder nach einer Reinigung sich für die Ernährung eignen. Bei der damaligen statistischen Aufstellung berechnete man den Verbrauch an Nahrungsfetten für die menschliche Ernährung für die Jahre 1912/13 auf rund 1 500 000 Tonnen Fette, das sind also fast $^3/_4$ des gesamten Bedarfes.

Zu diesen Zahlen muß noch folgendes bemerkt werden. Viele der Produktionswerte, die als Grundlagen für diese Berechnung gedient haben, sind nur geschätzt worden. Auch umfassen sicherlich die inländischen Schlachtungen das in Deutschland eingeführte Schlachtvieh, und endlich wurde unser Schlachtvieh zum größten Teil mit ausländischen Futtermitteln (Ölkuchen, Mais, Futtergerste usw.) fett gemästet, so daß also in Wirklichkeit unsere Abhängigkeit vom Auslande in bezug auf die Fette noch viel größer ist, als diese Zahlen es zeigen. Nach den neuesten Feststellungen[2]) stammen zur Zeit etwa 96 % des gesamten Fettes, das wir als Margarine genießen, aus dem Ausland.

Bei unseren Betrachtungen der Fette als Nahrungsstoffe haben wir gesehen, daß die Fette nicht nur als solche eine Rolle in der Ernährung spielen, sondern daß sie auch Träger der Wachstumsstoffe sind. Wir müssen also die Frage der Fettversorgung von 2 Gesichtspunkten aus betrachten, denn nicht ein jedes Fett enthält diese Wachstumsstoffe. Wollten wir aber nur die Fette für die Ernährung zulassen, von denen wir zur Zeit

---

[1]) Vgl. H. Frank, Sammlung Vieweg, Tagesfragen aus den Gebieten der Naturwissenschaften und der Technik.

[2]) Juckenack, Klinische Wochenschrift 1922, S. 2145.

wissen, daß sie wesentliche Mengen jener geheimnisvollen Substanzen enthalten, so würden uns nur ganz geringe Mengen zur Verfügung stehen.

Es ist also nötig, daß wir 2 Forderungen aufstellen:

1. Schaffung von Fetten, die reich an Wachstumsstoffen sind und die wir in erster Linie unseren Kindern, den werdenden Müttern, den stillenden Frauen und den Kranken vorbehalten.

2. Schaffung neuer Quellen guter Nahrungsfette für die gesamte Bevölkerung.

Die Erfüllung dieser beiden Forderungen wird uns nicht heute und morgen gelingen, aber wir dürfen uns nicht von vornherein durch die Schwierigkeit der Probleme abschrecken lassen. Die in der Not des Krieges begonnene Arbeit muß fortgesetzt werden, um hier Hilfe zu schaffen, die so dringend geboten ist.

Die Wachstumsstoffe kommen besonders in der Butter vor, auch in anderen tierischen Fetten werden sie angetroffen, aber je nach Art der Ernährung der die Fette liefernden Tiere besitzen die Fette eine verschiedene Wertigkeit in dieser Richtung, und es wird Sache der Landwirtschaft sein müssen, hier geeignete Ernährungsbedingungen für das Butter und Fett liefernde Vieh festzustellen.

Die Angaben im Schrifttum über den Gehalt der pflanzlichen Fette an Wachstumsstoffen widersprechen sich zum Teil, und es sind noch weitergehende Untersuchungen anzustellen um hierüber volle Klarheit zu schaffen. Ebenso muß die wissenschaftliche Forschung noch darauf ausgedehnt werden, inwieweit die jetzigen Fabrikationsmethoden die Wachstumsstoffe beeinflussen, insbesondere auch, ob der Härtungsprozeß diese Stoffe vernichtet. Wenn diese Punkte dann klargelegt sind, wird es keine Schwierigkeiten bedeuten, die Zusammensetzung der Margarine so zu gestalten, daß sie die nötigen Wachstumsstoffe enthält.

Die Schaffung neuer Quellen für unsere Nahrungsfette wird ungleich schwieriger sich gestalten, als die Lösung der ersten Frage, aber die Erfahrungen, die während des Krieges gemacht worden sind, haben uns doch manche Fingerzeige gegeben, die zunächst wenigstens ein Sparen der Fette ermöglichen.

Wie schon oben hervorgehoben, verbraucht die Industrie für technische Zwecke zum Teil noch Fette, die für die Ernährung herangezogen werden könnten, und es wird daher ein besonderes Ziel sein müssen, diese Fette soweit als möglich zu ersetzen durch fettfreie Ersatzstoffe oder durch Fette, die, weil sie Ekel erregen, für die Ernährung absolut nicht in Betracht kommen, wie z. B. die wiedergewonnenen Fette aus den Spülabgängen der Schlächtereien, Wurstfabriken, Kasernen, großen Gasthäusern, aus den Kanalisationsabwässern oder aus Abfallstoffen, wie aus Kadavern, Lederabfällen usw.

Der Verwertung aller dieser Abfallwässer und Abfallstoffe wird leider noch viel zu wenig Aufmerksamkeit geschenkt, es könnten bei systematischer Ausnutzung dieser Abfälle große Werte nicht allein an Fett, sondern auch an anderen Produkten unserem Volke erhalten bleiben.

Auch die Küchenspülwässer enthalten oft noch viel Fett, das gespart werden könnte, wenn für das Braten und das Backen stets dieselben Gefäße, Tiegel und Pfannen verwendet würden, die man nicht täglich aufzuwaschen braucht. Die in den Gefäßen verbleibenden Fettreste halten sich, zumal im Winter, wochenlang und durch dieses Verfahren wird nicht nur Fett, sondern auch Soda und Seife gespart. Wenn fettige Gefäße gewaschen werden sollen, so empfiehlt es sich, dieselben erst mit wenig reinem heißem Wasser auszuschwenken, dieses Spülwasser, auf dem dann die Fettreste in geschmolzenem Zustande schwimmen, gebraucht man am besten für Suppe oder Gemüse.

Bei der Verwendung der Fette kann im Haushalt ebenfalls vielfach rationeller verfahren werden. Es ist unnötig, zum Braten und Backen die teuersten und hochwertigsten Fette zu verwenden, wie etwa Butter, hierzu genügen in jedem Falle die billigen Fette, selbst Öle lassen sich dazu gebrauchen.

Eine sehr wichtige Aufgabe für die angewandte Botanik wird es sein, den Fettertrag der einheimischen Saaten durch Züchtung zu steigern, und es scheint dies im Bereich der Möglichkeit zu liegen, wie uns das Beispiel der Zuckerrübe zeigt, bei welcher es durch geeignete Züchtung gelungen ist, den Zuckergehalt von 5% auf 16—20% zu bringen. Auch der gesteigerte Anbau von heimischen Ölsaaten, besonders von Raps und Leinsamen, und die Förderung des Anbaues anderer bisher bei uns noch nicht kultivierter fetthaltiger Pflanzen, wie z. B. der Sojabohne, wird uns unabhängiger vom Ausland machen.

Auch die Hebung einer rationellen Viehzucht, der Düngerwirtschaft und des Anbaues von Futtermitteln kann uns die Fettnot erleichtern.

Freilich die idealste Lösung der Fettbeschaffung würde die Herstellung von Fetten aus für die Ernährung überhaupt nicht in Betracht kommenden Materialien sein, die Fettsynthese. Wohl ist es der Wissenschaft gelungen, eine Synthese der Fettsäuren, eine Synthese des Glycerins und eine Veresterung von Glycerin mit Fettsäuren durchzuführen, aber wir sind noch weit davon entfernt, diese Methoden so gestalten zu können, daß sie technologisch und wirtschaftlich in befriedigender Weise arbeiten.

Während des Krieges, als die Munitionsindustrie die großen Mengen Glycerin unbedingt brauchte, stellte man dieses durch eine besondere Vergärung des Traubenzuckers her, und so produzierte man ungeheure Mengen Glycerin. Aber dieses Verfahren ist wegen des großen Verbrauchs an Zucker jetzt nicht wirtschaftlich.

Der Organismus ist imstande, sich seinen Bedarf an Glycerin selbst aus anderen Nahrungsstoffen, insbesondere den Kohlenhydraten zu bilden, und man hat daher in der Kriegszeit Fettsäuren mit Äthylalkohol oder mit Glykol verestert und die so gewonnenen Fettsäureester zu Margarine verarbeitet. Ebenso ist auch empfohlen worden, die Fettsäureanhydride direkt den Speisefetten zuzumischen. Würden sich diese Wege als gangbar erweisen, so brauchte man das Glycerin in der Fettsynthese überhaupt nicht mehr. Aber es stehen doch der Verwendung besonders des Äthyl- und Glykolesters Bedenken entgegen, so daß noch weitere Versuche diese Frage klären müssen.

Um zu den Fettsäuren zu gelangen, hat man verschiedentlich versucht, die Kohlenwasserstoffe der Braunkohlenteeröle, des Petroleums und ähnlicher Rohstoffe zu Fettsäuren zu oxydieren, doch scheint vorläufig nur das Verfahren von Harries, durch Ozonisation Fettsäuren aus den Braunkohlenteerölen darzustellen, Aussichten auf eine technische Auswertung zu haben.

Allerdings dürften synthetisch hergestellte Fettsäuren zunächst nur technische Bedeutung haben, aber trotzdem wäre aus den vorher angeführten Gründen dadurch sehr viel gewonnen, und außerdem wäre der Weg für die Gewinnung von für die Ernährung geeigneten Fettsäuren geebnet.

Noch auf eine Möglichkeit der Fettdarstellung sei hingewiesen, deren systematische Bearbeitung nicht aussichtslos erscheint, das ist die biologische Fettgewinnung aus Hefepilzen. Es gibt bestimmte Hefearten, welche die ihnen zugeführten Nährstoffe in wesentliche Mengen Fett umwandeln und daher sehr fettreich sind.

Wenn sich die Züchtung dieser Hefe im großen wirtschaftlich durchführen ließe, so könnte sie dann mit Vorteil auf Öl, das wahrscheinlich direkt für die Ernährung zu gebrauchen wäre, verarbeitet werden.

Das Mitgeteilte zeigt uns die Möglichkeiten und den Stand unserer heutigen Bestrebungen, neue Quellen für unsere Nahrungsfette zu schaffen. Die Schwierigkeiten, die wir noch zu überwinden haben, sind groß, aber die Anfänge sind gemacht, und die bisherigen Erfolge der deutschen Wissenschaft, insbesondere der Chemie, lassen auch hier auf einen endlichen Erfolg hoffen.

Ein Punkt muß noch zum Schluß hervorgehoben werden. Der größte Teil unserer Speisefette wird, wie wir gesehen haben, aus dem Auslande eingeführt, und wir haben keinerlei Einblick in deren Gewinnung; um so schärfer muß daher die Prüfung der eingeführten Produkte sein, und unsere amtliche Überwachung der Lebensmittel muß hier ganz besonders einsetzen, um uns vor minderwertigen Ölen und Fetten zu schützen und Übervorteilungen des kaufenden Publikums zu verhindern.

Die weitestgehende Überwachung des Lebensmittelmarktes und der Lebensmittelproduktionsstätten durch beamtete Sachverständige kann in diesen Zeiten der Lebensmittelnot nur von allergrößtem Nutzen sein, damit diese Not nicht noch von gewissenlosen Menschen dazu benutzt wird, um minderwertige oder gar schädliche Lebensmittel dem Volke zu bieten.

Physiologische Anleitung zu einer zweckmäßigen Ernährung.
Von Dr. **Paul Jensen**, o. ö. Professor der Physiologie und Direktor
des Physiologischen Instituts der Universität Göttingen. Mit 9 Textfiguren. 1918. GZ. 2,8

Nährwerttafel. Gehalt der Nahrungsmittel an ausnutzbaren Nähr-
stoffen, ihr Kalorienwert und Nährgeldwert sowie der Nährstoff-
bedarf des Menschen. Graphisch dargestellt von Geh. Reg.-Rat Dr.
J. König, ord. Professor an der Westfälischen Wilhelms-Universität
in Münster i. W. Elfte, verbesserte Auflage. Dritter Abdruck.
1917. GZ. 2,4

Das Pirquetsche System der Ernährung für Ärzte und gebildete
Laien dargestellt. Von Professor Dr. **B. Schick**, Wien. Dritte Auflage. Mit 5 Abbildungen. 1922. GZ. 1,5

Lehrbuch der Diätetik des Gesunden und Kranken für Ärzte,
Medizinalpraktikanten und Studierende. Von Professor Dr. **Theodor
Brugsch.** Zweite, vermehrte und verbesserte Auflage. 1919.
Gebunden GZ. 8

Kochlehrbuch und praktisches Kochbuch für Ärzte, Hygieniker,
Hausfrauen, Kochschulen. Von Professor Dr. **Chr. Jürgensen**, Kopenhagen. Mit 31 Figuren auf Tafeln. 1910. GZ. 8; gebunden GZ. 9

Allgemeine diätetische Praxis. Von Professor Dr. med. **Chr. Jürgensen**,
Kopenhagen. 1918. GZ. 18

Die Bedeutung der Getreidemehle für die Ernährung. Von
Dr. **Max Klotz**, Arzt am Kinderheim Lewenberg und Spezialarzt für
Kinderkrankheiten in Schwerin. Mit 3 Abbildungen. 1912. GZ. 4,8

**Die im Kriege 1914 bis 1918 verwendeten und zur Verwen-
dung empfohlenen Brote, Brotersatz- und Brotstreckmittel**
unter Zugrundelegung eigener experimenteller Untersuchungen. Zu-
gleich eine Darstellung der Brotuntersuchung und der modernen
Brotfrage. Von Professor Dr. med. et phil. **R. O. Neumann**, Geh.
Med.-Rat, Direktor des Hygienischen Institutes der Universität Bonn.
Mit 5 Textfiguren. 1920. GZ. 10,5

GPSR Compliance
The European Union's (EU) General Product Safety Regulation (GPSR) is a set
of rules that requires consumer products to be safe and our obligations to
ensure this.

If you have any concerns about our products, you can contact us on

ProductSafety@springernature.com

In case Publisher is established outside the EU, the EU authorized
representative is:

Springer Nature Customer Service Center GmbH
Europaplatz 3
69115 Heidelberg, Germany